DES RAPPORTS

DE LA

THÉORIE DES CRISES

ET DES JOURS CRITIQUES

AVEC LES PRINCIPES ET LA THÉRAPEUTIQUE DE L'HOMŒOPATHIE

PARIS. — IMP. SIMON RAÇON ET COMP., 1, RUE D'ERFURTH.

DES RAPPORTS

DE LA

THÉORIE DES CRISES

ET DES JOURS CRITIQUES

AVEC LES PRINCIPES ET LA THÉRAPEUTIQUE

DE L'HOMŒOPATHIE

(MÉMOIRE COURONNÉ PAR LE CONGRÈS HOMŒOPATHIQUE DE BORDEAUX)

PAR

M. LÉON SIMON FILS

DOCTEUR EN MÉDECINE DE LA FACULTÉ DE PARIS,
MEMBRE TITULAIRE RÉSIDANT DE LA SOCIÉTÉ GALLICANE DE MÉDECINE HOMŒOPATHIQUE,
MEMBRE CORRESPONDANT DE LA SOCIÉTÉ HAHNEMANNIENNE DE MADRID,
DE L'ACADÉMIE HOMŒOPATHIQUE DE PALERME,
ET DE L'ACADÉMIE MÉDICALE HOMŒOPATHIQUE DU BRÉSIL.

PARIS

CHEZ J.-B. BAILLIÈRE

LIBRAIRE DE L'ACADÉMIE IMPÉRIALE DE MÉDECINE
RUE HAUTEFEUILLE, 19
A LONDRES, CHEZ H. BAILLIÈRE, 219, REGENT-STREET
A NEW-YORK, CHEZ H. BAILLIÈRE, 290, BROADWAY
A MADRID, CHEZ BAILLY-BAILLIÈRE, 11, CALLE DEL PRINCIPE

1856

AVANT-PROPOS

Au commencement de l'année 1854, la Commission préparatoire du Congrès homœopathique de Bordeaux résolut de
fonder un prix qui devait être décerné dans la première réunion
de cette assemblée. La question suivante fut mise au con-
cours : *Rechercher quels sont les rapports de la théorie des
crises et des jours critiques avec les principes et la thérapeutique de l'homœopathie.*

Il était évident que la Commission avait été dirigée dans son
choix par les préoccupations qui commençaient à être celles de
chacun de nous. On se demandait déjà jusqu'à quel point
l'homœopathie devait être considérée comme une doctrine
complète; jusqu'à quel point, au contraire, il était permis de
la rattacher au passé de la science. Important problème, dont
la solution agite aujourd'hui notre école, et que l'avenir per-
mettra sans doute de résoudre complétement.

Mais, pour arriver au but, il est utile de diviser ce vaste sujet;
aussi, en choisissant la question des crises, la Commission préparatoire agissait-elle avec prudence, puisqu'elle circonscrivait
le débat sur l'hippocratisme, seul système dont les débris ont

résisté à l'épreuve du temps; système qui devait se trouver en première ligne pour la comparaison dont je parle, en raison de son antiquité, du nom respecté de son auteur et de l'attention dont il fut toujours l'objet. De plus, la question des crises étant une de celles qui se retrouvent aux principales époques de la science, attirer l'attention sur elle, était ouvrir un champ assez vaste pour que les opinions les plus diverses pussent se faire jour.

Désireux de répondre à l'appel adressé aux disciples de Hahnemann et d'apporter mon faible tribut à l'œuvre commune, j'entrepris les recherches nécessaires, après m'être pénétré des intentions que je viens de rappeler.

Le premier résultat auquel j'arrivai fut de séparer l'homœopathie de l'hippocratisme, par la seule raison qu'Hippocrate me paraissait avoir adopté, dans ses théories, des hypothèses injustifiables, hypothèses qui sont aujourd'hui abandonnées.

Mais, en même temps, il ne fut pas difficile de reconnaître que l'opposition entre le médecin de Cos et Hahnemann venait de la différence des méthodes et des principes proclamés par ces deux maîtres; que Hahnemann n'avait jamais nié les crises, en ce sens qu'il accordait une valeur de symptômes aux phénomènes qui, selon Hippocrate, les caractérisent ou les annoncent, qu'il refusait seulement de les reconnaître pour des efforts bienfaisants tentés par la nature, efforts qu'il faudroit respecter, favoriser ou imiter;

La réponse à la question posée offrait peu de difficultés à vaincre. Les crises et les jours critiques ont été si longuement discutés, qu'il suffisait de recueillir et de résumer les critiques auxquelles elles ont donné lieu, pour satisfaire à la première partie du problème; et Hahnemann, ayant répondu aux différentes questions de la seconde, quelques développements devenaient seuls nécessaires.

L'honneur que mon travail a reçu, de concert avec ceux du docteur Wislicenus, de Einssenach (Prusse), et du docteur frère Alexis Espanet, est un encouragement d'une haute valeur. J'espère que le lecteur ne verra dans sa publication que le désir sincère de répondre à l'accueil qui lui a été fait, et celui, non moins réel, d'apporter mon tribut, quelque léger, quelque peu important qu'il soit, à la solution des problèmes qui intéressent les progrès et l'avenir de l'homœopathie.

1ᵉʳ mai 1856.

RECHERCHER

QUELS SONT LES RAPPORTS

DE LA

THÉORIE DES CRISES

ET DES JOURS CRITIQUES

AVEC LES PRINCIPES ET LA THÉRAPEUTIQUE

DE L'HOMOEOPATHIE

> « Les crises n'ont de réalité qu'à condition
> « que la matière morbifique existe. Si cette
> « matière est une chimère, plus de combat
> « morbide, plus de crudité, plus de coction,
> « et, par conséquent, plus de crises. »
> (Houdart. *Études historiques et critiques*
> *sur la vie et la doctrine d'Hippocrate*,
> p. 554.)

La théorie des crises et des jours critiques, formulée par Hippocrate, a traversé les siècles avec des fortunes diverses, se trouvant appréciée, modifiée même, d'après les systèmes qui avaient cours dans la science. Tandis que l'école de Cos leur accordait une importance extrême, l'école de Cnide refusait de s'y arrêter, et les méthodistes la rejetaient également. Galien, au contraire, leur consacra un long traité, et les arabistes, dont les doctrines furent un pâle reflet de celles de Galien lui-même, ne manquèrent pas d'admettre leur explication et leurs conséquences.

La doctrine des crises fut, selon la remarque de Bordeu (1),
une des parties les plus importantes de la médecine des anciens; mais, il faut bien en convenir, elle a perdu de nos jours
une grande partie de son prestige et de son autorité. Depuis
Chirac, l'école de Paris la relègue même au nombre de ces
problèmes accessoires qui n'ont de valeur que celle d'une question historique.

L'histoire des variations par lesquelles cette théorie a passé
montrerait que son sort a été lié le plus souvent à celui des
doctrines humorales; elle ferait connaître en même temps
qu'elle n'est pas une de ces vérités sorties exclusivement de
l'observation et de l'expérience, vérités que le temps développe,
agrandit, rectifie quelquefois sans jamais les détruire, mais
bien le résultat d'une doctrine où l'hypothèse tenait une large
part.

Appartient-il à l'homœopathie de faire cesser tous les doutes
qui se sont élevés au sujet des crises et des jours critiques, et
de rendre ainsi à la doctrine d'Hippocrate son ancienne splen-
deur? Existerait-il entre ces deux doctrines quelques-uns de ces
liens étroits que l'on retrouve entre deux vérités, quel que soit
le siècle qui les a vues naître? Tel est, je crois, le sens de la
question posée par la commission préparatoire du Congrès de
Bordeaux, tel sera aussi l'objet de ce travail.

Deux parties devront le composer : la première aura pour
objet l'étude de la théorie des crises, considérée en elle-même;
la seconde, la recherche des liens qui peuvent exister entre
cette partie des doctrines d'Hippocrate et la doctrine de Hahnemann. Il deviendra facile alors de conclure, relativement à l'u-
tilité que les crises et les jours critiques peuvent présenter en
homœopathie.

(1) V. Bordeu. *Recherches sur les crises,* § 1.

PREMIÈRE PARTIE.

DE LA THÉORIE DES CRISES ET DES JOURS CRITIQUES.

Les Asclépiades considéraient la maladie comme une série de phénomènes suscités par les efforts curateurs de la nature, dans le but d'expulser la matière morbigène, après lui avoir fait subir une série de transformations. Celles-ci ne pouvant se produire que dans un temps limité, l'expulsion des humeurs altérées arrivait à jour fixe. La transformation dont la matière morbifique était l'objet s'appelait *coction;* son expulsion, c'était la *crise,* et, le jour où celle-ci arrivait avait reçu le nom de *critique.* Il y a donc trois faits à examiner dans la théorie des anciens : la *crise,* la *coction* et le jour *critique.*

§ Ier. De la crise.

Le mot crise n'a pas toujours été nettement défini par les auteurs ; au moins ceux-ci ne sont-ils pas d'accord sur l'extension qu'il convient de lui donner. « Il y a crise, dit Hippo- « crate (1), dans une maladie, lorsqu'elle augmente ou dimi- « nue considérablement, lorsqu'elle dégénère en une autre « maladie ou quand elle cesse entièrement. » En réfléchissant aux termes de cette définition, il est facile de voir que le père de la médecine avait étendu le sens du mot *crise* au delà des limites qui lui appartiennent.

Considéré dans son étymologie, ce mot signifie *jugement* (2). Dehaën, après Galien, fait remarquer que la médecine l'avait emprunté au langage du barreau, en comparant la position du malade à celle d'un accusé que la nature devait condamner ou absoudre. « Est vox hæc, crisis, judicium, απο του κρινεθαι, « desumpta a foro judiciali, quia inter spem vitæ metumque

---

(1) V. Hippocrates, *de Affection.* Linden, t. II, p. 165.
(2) On a dit aussi *séparation,* exprimant ainsi le départ des humeurs altérées de celles qui étaient restées saines.

« mortis ancipites tunc ægri trepidant, veluti rei coram judice,
« incerti plane utrum crimine absolvendi sint, an morte dam-
« nandi (1). »

Hippocrate avait pris le mot *crise* dans un sens trop général. Regarder tout changement remarquable survenu dans le
cours d'une maladie comme une crise, donner ce nom à l'ac-
couchement et à la sortie d'une esquille (2), était aller au delà
de toute vérité d'observation ; car, dans le cours des maladies,
il survient un grand nombre de modifications, à la suite desquelles l'état du malade n'est décidé ni en bien ni en mal,
après lesquelles, par conséquent, la maladie n'est pas jugée.

Galien donna de la crise une idée plus philosophique et plus
juste, en réservant ce nom à certains mouvements perturbateurs
capables de ramener la santé : « Sola subita ad sanitatem con-
« versio, simpliciter crisis nominatur (3). » Van Swieten in-
siste beaucoup sur la distinction que cette définition fait pressentir à l'égard des changements qui surviennent dans les
maladies. « Non ergo, dit-il, omnem morbi in sanitatem mu-
« tationem (Galenus) vocaverit crisim, sed tantum illam quæ
« subito fit, et quam non mediocris perturbatio in corpore
« procedit et comitatur sæpe (4). »

Mais la première définition de Galien avait un tort : celui
de ne voir qu'une des issues possibles de tout mouvement critique. Les crises ne se terminent pas toutes, en effet, par le retour à la santé ; beaucoup décident la mort du malade ; il est
donc plus exact d'adopter cette autre définition du même auteur : « Κρίσις est subita et repentina in morbo mutatio ad sa-
« lutem vel mortem (5). »

Galien fit une autre remarque, c'est que toutes les maladies
ne présentent pas de ces mouvements soudains qui permettent de rapporter leur issue heureuse ou funeste à des perturbations critiques ; qu'un grand nombre parcourent leurs pé-

----

(1) Dehaën, *in Boerhaav.*, *inst. path.*, t. II, p. 287.
(2) Bordeu, *Recherches sur les crises*, § 1.
(3) Galien, *de Crisibus*, lib. II, § 2.
(4) Van Swieten, *in Comment. aphorism.; de Morbis internis*, t. II, p. 51.
(5) Galien, *Comment. aphorism.*, aph. 13, sect. 2.

riodes d'une façon tellement régulière, qu'il devenait très-em-
barrassant de les rattacher à la théorie hippocratique. Ce fut
pour les maladies de cet ordre qu'il inventa les *crises insensibles*, auxquelles il donna le nom de λυσις et que les latins ap-
pelèrent *solutio*. Mais ces crises, que nous ne pouvons reconnaître par aucun caractère, qui échappent à tout examen,
doivent être rangées évidemment parmi ces hypothèses chimé-
riques, inventées en faveur de systèmes préconçus et que l'observation ne sanctionne jamais. N'eût-il pas été plus naturel et
plus conforme à l'expérience de reconnaître que toute maladie
parvenue à sa période d'état peut se terminer de deux manières : ou brusquement, après avoir présenté des signes perturbateurs, ou lentement par une décroissance continue et régulière? Le mot *crise*, s'appliquant aux premières seulement,
aurait conservé le sens qui lui apppartient, le seul qui puisse
conduire à quelque conclusion utile. Sennert avait parfaitement
compris qu'il devait en être ainsi, et, guidé par le sens pratique
qui le distinguait si éminemment, il établit cette séparation
en termes formels. « Proprie vox κρισεως, non accipitur de len-
« tis illis, et quæ paulatim fiunt, morborum mutationibus,
« sed de *subitis*, per quas ægri vel *subito* integram sanitatem
« recuperant, vel *subito* ad meliorem statum traducuntur, vel
« *subito* ad mortem properant, vel *subito* ad deteriorem sta-
« tum conjicientur (1). »

La crise ainsi définie se présentait toujours avec un cortége
obligé de symptômes violents. « Quod porro sine insigni per-
« turbatione corporis et vehementibus symptomatibus acci-
« dere non possunt (2); » elle se composait d'évacuations
abondantes, précédées de violents mouvements perturbateurs
ou d'abcès : « Et quidem omnino fit per manifestas quasdam
« excretiones, aut effatu dignos abcessus... Antecedit autem hu-
« moris excretiones non mediocris perturbatio in corpore
« ægrotantis (3). » Ce qui fait dire à Sennert qu'il y a trois

---

(1) Sennert, *de Eventu morborum*, lib. III, part. III, c. ix.
(2) V. Sennert, *loc cit.*, p. 605, t. I.
(3) V. Galien, *de Crisibus*, lib, III, c. ii.

choses à considérer dans une crise : la *perturbation*, l'*évacuation*
et le *changement subit* survenu dans l'état du malade : « con-
« turbationem, evacuationem et subitam mutationem ad salu-
« tem vel mortem (1). »

La *perturbation* était violente, souvent elle faisait pressentir
ce que devait être la crise. Elle se composait de symptômes généraux et de symptômes locaux, ceux-ci indiquant l'espèce
d'excrétion qui allait se produire. Galien donna des premiers
le tableau suivant : « Colli dolor, vel temporum gravitas, vel
« hallucinationes, atque tenebricosæ vertigines et capitis do-
« lores, et lachrymarum involontarius effluxus, faciesque una
« cum oculis rubens, aut inferius labrum agitatum, vel vigiliæ
« aliquæ, vel somnus gravis sunt tantum signa crisis : sicuti et
« creber anhelitus, quæ asthma Græci vocant, et quadam
« anxietas, vel difficultas anhelitus, et præcordium sustractio;
« et stomachi fastidium quoddam, vel nausea sufficiens, et
« æstus et sitis vehemens, et oris ventriculi dolor, et non posse
« ferre decubitum, ét delirare atque exclamare (2). »

Les symptômes locaux étaient en rapport avec la nature, le
siége et le genre de la crise qui allait survenir. C'était ou les
signes d'une congestion, quand allait paraître une hémorragie,
ou des coliques, des borborygmes, un malaise épigastrique,
quand il s'agissait d'évacuations alvines; une accélération et
un développement extrême du pouls, quand la sueur allait s'é-
tablir, etc.

L'*évacuation* était très-variée; elle se faisait par toutes les
voies ouvertes aux excrétions. Les anciens reconnaissaient une
salivation critique, des vomissements et une diarrhée critiques,
des urines critiques, des hémorragies et des sueurs critiques (3), tous ces symptômes constituant les *crises par excré-*

____

(1) V. Sennert, *loc. cit.*, p. 60, t. I.

(2) V. Galien, *de Crisibus*, lib. III, c. xiv.

(3) Le nombre des crises a été considérablement augmenté dans ces derniers
temps : M. Chomel et M. Andral les ont multipliées d'une manière effrayante,
mettant sur le même rang les fièvres laiteuses, les bubons de la peste, l'œdème,
certaines espèces d'aliénation mentale et les évacuations formidables qui arrivent
chez les animaux après l'introduction de matières septiques dans les veines.

tion. Il y avait également des *crises par transport de la matière morbifique;* elles comprenaient les abcès, certains érésipèles, des gangrènes, etc.; on leur donnait le nom de *métastases.*

Le *changement* survenu dans l'état du malade comme conséquence de la crise était loin d'être également favorable dans toutes les circonstances. Il y avait de *bonnes crises* qui faisaient espérer le rétablissement du malade, et une *mauvaise crise*, qui augmentait le danger, rendait même souvent la mort prochaine; une *crise parfaite*, qui enlevait ou transportait toute la matière morbifique et une *crise imparfaite*, capable seulement d'en enlever une partie; une *crise sûre*, n'offrant par elle-même aucun danger, et une *crise dangereuse*, qui menecait la vie; enfin la *crise insensible* de Galien, laquelle, se trouvant caractérisée par l'absence de tout symptôme, n'avait aucune espèce de réalité.

Hippocrate accordait à la doctrine des crises une importance extrême dépendant à la fois de ses idées en pathologie et du rôle expectant auquel il se condamnait. Il devait en être ainsi. Du moment où le père de la médecine supposait que la santé résultait du mélange régulier des humeurs, de ce qu'il appelait la crâse (1), et la maladie, du dérangement de ce juste équilibre, il devait accorder une grande valeur à tous les vices de sécrétion et d'excrétion. Du moment où il regardait les symptômes comme des efforts curateurs déployés par la nature (natura morborum medicatrix), il était logique de ne point chercher à les troubler, et de mettre tous ses soins à les prévoir et à les favoriser. Dans cette hypothèse, le rôle du praticien se trouvait réduit à deviner par quelle voie se ferait l'excrétion, quelle serait son espèce et quel effet elle aurait sur l'issue de la maladie. On peut dire que, sous ce rapport, la conduite du médecin de Cos était conforme à sa théorie. Il suffit, pour s'en convaincre, de lire les observations réunies dans les différents livres des épidémies; observations qui prouvent et la nullité de la théra-

---

(1) Voir, à ce sujet, Littré, *Introduction aux œuvres d'Hippocrate*, t. I, p. 617.

peutique des Asclépiades et l'attention exagérée qu'ils accordaient à la prognose (1).

Mais ce qui fit autrefois la fortune de la théorie des crises
est précisément ce qui a causé plus tard son abandon. « Les
« crises, en effet, n'ont de réalité qu'à condition que la matière
« morbifique existe. Si cette matière est une chimère, plus de
« combat morbide, plus de coction, et par conséquent plus de
« crise (2). »

Cette remarque n'avait pas échappé à Sennert; aussi, cet auteur affirme-t-il que les crises arrivent seulement dans le cours
de ces maladies où la présence d'une matière peccante engendre
tout le mal, « quæ oriuntur a materia putrescente, quæ coctionem et expulsionem desiderat, » et il ajoute « tales vero solum
fibres sint (3). » Or le motif qui portait ce médecin à limiter ainsi
l'importance des crises, était précisément celui qui engageait
Hippocrate à en faire un fait général. C'est en effet parce que
celui-ci supposait que l'altération des liquides était le fait primordial du plus grand nombre des infirmités humaines, sinon
de toutes, qu'il accordait à sa théorie une aussi grande géné-
ralité.

« La médecine, dit M. Littré (4), a souvent cherché à dé-
« couvrir le moyen organique par lequel la cause véritable ou
« prétendue produisait la maladie... Anaxagore avait attribué
« les maladies à la bile, Hippocrate les attribua aux qualités
« des humeurs, aux inégalités de leur mélange. » Comme
conséquence, il rapporta la guérison à l'expulsion de la partie altérée de ces mêmes humeurs, conséquence logique à laquelle il était impossible d'échapper.

Est-il donc vrai que telle soit la cause réelle, immédiate des
maladies? Bien peu oseraient le soutenir. Les humeurs, sans
doute, présentent dans l'état pathologique des altérations de
plus d'un genre; les unes portant sur leur composition et les

(1) Daniel Leclerc, *Histoire de la médecine*, t. I, p. 152.
(2) Houdart, *Études historiques et critiques sur la vie et la doctrine d'Hippocrate*, p. 554.
(3) Sennert, *loc. cit.*
(4) Littré, *Introd. aux œuvres d'Hippocrate*, p. 446.

proportions relatives de leurs principes immédiats; les autres
se résumant dans la présence d'un corps qu'elles ne contien-
nent pas à l'état normal; d'autres intéressant la régularité de
leurs mouvements ou de leur distribution. Mais tous ces changements sont les résultats de la maladie et non sa cause. L'u-
rine des diabétiques, par exemple, renferme du sucre de rai-
sin; mais la présence de ce corps est un résultat de la maladie;
ce n'est ni sa raison, ni son principe, c'est un symptôme saillant et rien de plus; car le sujet était malade avant qu'il fût
possible de reconnaître dans ses urines la présence des matières sucrées, et il l'est encore lorsqu'un traitement hygiénique
et chimique, mais nullement dynamique, a fait disparaître ce
produit hétérologue. A cette époque surviennent, en effet, les
faiblesses de la vue, les demi-paralysies des extrémités infé-
rieures et les épanchements pleurétiques qui signalent la fin
prochaine des malades atteints de diabétès. Lors donc qu'on
est parvenu à éliminer cette sorte de matière peccante, on a seulement effacé un effet du mal; on n'a rien obtenu pour la guérison du sujet.

Ce que je viens de dire du diabétès s'applique à tous les
vices de composition que les humeurs peuvent présenter. Tous
sont des effets du mal, car on ne saurait concevoir le dérangement de la crâse, pour me servir de l'expression consacrée,
tant que la vie, à laquelle il convient de rapporter le maintien
de l'état physiologique, n'est point elle-même troublée dans son
action, c'est-à-dire tant que le sujet n'est pas malade. C'est un
effet, parce que cette altération des humeurs n'est pas un fait
primordial, mais bien un phénomène secondaire, qui est toujours précédé ou dominé par les symptômes généraux.

« Les causes de nos maladies, dit Hahnemann, ne sauraient
« être matérielles, puisque la moindre substance matérielle
« étrangère, quelque douce qu'elle nous paraisse, qu'on intro-
« duit dans les vaisseaux sanguins, est repoussée tout à coup
« comme un poison par la force vitale, ou, si elle ne peut l'être,
« occasionne la mort. Que le plus petit corps étranger vienne
« à s'insinuer dans nos parties sensibles, le principe de vie,
« qui est répandu partout dans notre intérieur, n'a pas de re-

2

« pos jusqu'à ce qu'il ait procuré l'expulsion de ce corps par la
« douleur, la fièvre, la suppuration ou la gangrène. Et, dans
« une maladie de la peau datant d'une vingtaine d'années, ce
« principe vital, dont l'activité est infatigable, souffrirait avec
« patience pendant vingt ans, dans nos humeurs, un principe
« exantématique matériel, un virus dartreux, scrofuleux ou
« goutteux ! Quel nosologiste a jamais vu aucun de ses prin-
« cipes morbifiques, dont il a parle avec tant d'assurance et
« sur lesquels il prétend construire un plan de conduite mé-
« dicale ? Qui, jamais, mettra sous les yeux de personne un
« principe goutteux, un virus scrofuleux (1) ? »

Le mode de propagation des maladies virulentes est encore
un fait invoqué par Hahnemann en faveur de son opinion.
« On a beau se laver les parties génitales avec le plus grand
« soin et le plus promptement possible, cette précaution ne
« garantit pas de la maladie chancreuse vénérienne, » « ...Com-
« bien en poids doit-il pénétrer ainsi de ce principe matériel
« dans les humeurs pour produire une maladie (la syphilis),
« qui, à défaut de traitement, durera jusqu'au terme le plus re-
« culé de la vie (2)? »

« Les matières dégénérées et les impuretés qui deviennent
« visibles dans les maladies, ajoute Hahnemann, ne sont autre
« chose, personne n'en disconviendra, que des *produits de la*
« *maladie*, dont l'organisme sait se débarrasser d'une manière
« parfois trop violente..., et qui renaissent aussi longtemps
« que dure la maladie (3). »

Ainsi se trouve renversée la théorie d'Hippocrate et la raison
fondamentale sur laquelle il l'avait établie. Il n'y a donc pas
lieu de s'étonner si, dans le cours des siècles, des hommes,
d'un génie incontesté, ont essayé de s'affranchir de ce joug,
si d'autres ont voulu modifier la théorie et ses conséquences.

Il faut bien le remarquer, la crise n'enlèvera jamais la cause
du mal, mais seulement un de ses effets ; et, si ces derniers se

(1) Hahnemann, *Coup d'œil sur la médecine allopathique*, p. 21.
(2) Hahnemann, *loc. cit.*, p. 22.
(3) Id., *loc. cit.*, p. 26.

reproduisent, comme le dit Hahnemann, aussi longtemps que dure la maladie, cette élimination se répétera sans profit pour le malade, sans utilité pour la guérison. Le médecin ne sera donc pas admis à attendre dans l'inaction le développement de ces perturbations pathologiques ; je dirai plus : cette inaction serait blâmable si la matière médicale lui offrait des armes assez nombreuses et assez sûres pour combattre, si la maladie présentait quelque gravité. A-t-on jamais recommandé, depuis la découverte du quinquina, d'attendre qu'une sueur critique vînt juger une fièvre intermittente? A-t-on jamais proposé de laisser suppurer un chancre vénérien, sans lui opposer le mercure, et cela dans l'intention de le voir guérir plus sûrement et plus vite? Non, sans doute; on agit constamment dans l'une et l'autre de ces maladies, sans se préoccuper de la crise.

Qu'il y ait certaines affections de médiocre intensité, où la nature, c'est-à-dire la force vitale, suffit à la guérison, personne ne le conteste ; mais, dans toutes celles qui offrent quelque gravité, le *natura morborum medicatrix* est une erreur funeste. « Espérer avec le médecin de Cos une solution par « les crises dans la péritonite, l'arachnitis, la péricardite, c'est « donner à l'épanchement le temps de s'accroître, de former « des brides, d'amener des transformations de tissu de toute « espèce; c'est, en un mot, vouer le malade, après l'avoir fait « passer par mille dangers, à une mort presque certaine (1). » Attendre la crise ou l'imiter, telles sont cependant les deux conséquences auxquelles conduit l'hippocratisme.

Il faut en convenir toutefois, l'expectation dans les maladies aiguës est depuis longtemps abandonnée. Boerhaave, qui s'était déclaré partisan des crises en théorie, les néglige lorsqu'il s'agit de tracer le traitement de l'angine inflammatoire, de la péripneumonie, de la pleurésie, etc.; et, en cela, il suit l'exemple de Baglivi, de Stahl, d'Hoffmann, de Sydenham, lequel saigne et purge sans attendre le temps des évacuations critiques; de toutes part on trouve une médecine active substituée à la thé-

(1) V. Houdart, *Études historiques et critiques sur la vie et la doctrine d'Hippocrate*, p. 557.

rapeutique expectante du médecin de Cos. Mais, pour cela,
l'influence de la doctrine des crises n'est point complétement
effacée; si on ne les attend plus, on essaye de les imiter ; de là
les efforts tentés dans ce but par Chirac, et, après lui, par
l'école rationaliste. Je laisserai ici parler Bordeu; Bordeu, l'une
des gloires de la médecine française, l'un des partisans de
l'hippocratisme, un de ceux qui ont le mieux exposé les idées
des anciens sur ce sujet, mais sans rien conclure de précis à
leur égard.

Voulant exposer les raisonnements qui guidaient en son
temps l'école de Paris, il s'exprime de la manière suivante :
« Prenons pour exemple quelques-uns des principes des disci-
« ples de Chirac.... veulent-ils prouver qu'il faut saigner dans
« les maladies aiguës? Voici comment ils raisonnent : La na-
« ture, disent-ils, abandonnée à elle-même, procure des hémor-
« ragies du nez et des autres parties; il suit de là qu'il est
« essentiel de faire des saignées artificielles pour suppléer aux
« saignées naturelles; mais on ne prend pas garde que la na-
« ture suit des lois particulières dans ces évacuations; qu'elle
« choisit des temps marqués pour agir; qu'elle affecte de faire
« ces évacuations par des organes ou des parties détermi-
« nées:..... Une hémorragie ou toute autre évacuation critique
« ou même symptomatique, ménagée par la nature, a des
« effets bien différents de ceux qu'elle produit lorsqu'elle est
« due à l'art. Quelques gouttes de sang qui se videront par
« les narines, par l'une des deux par préférence; quelques
« crachats; trois ou quatre croûtes sur les lèvres, très-peu de
« sédiment dans les urines; ces évacuations, qui semblent de
« peu de conséquence, feront beaucoup d'effet, et auront un suc-
« cès fort heureux lorsque la nature les aura préparées, comme
« elle sait le faire ; et des livres de sang répandues, des seaux de
« tisane rendus par les urines, des évacuations réitérées par
« les selles, que l'art s'efforcera de procurer, ne changeront
« pas la marche d'une maladie, ou, si elles font quelque chan-
« gement, ce sera de la masquer ou de l'empirer (1). »

____

(1) Bordeu, *Recherches sur les crises*, § 71 et 72.

Il n'est donc pas facile d'imiter la nature, de substituer des évacuations artificielles à celles qu'elle détermine parfois, de remplacer les crises par des saignées, des purgatifs, etc. C'est là une nouvelle preuve du peu de fondement de la théorie d'Hippocrate; théorie contre laquelle un grand nombre de praticiens a dû s'élever. Mais, chose remarquable! cette théorie, si souvent abandonnée, a été reprise un égal nombre de fois. Une seule raison justifiera les médecins d'avoir ainsi oscillé à son égard, c'est qu'il y a en elle deux choses bien distinctes : les faits sur lesquels on l'appuie et l'explication qu'on en donne.

Les faits ne sauraient être niés. Il faut le reconnaître, lorsqu'une maladie est abandonnée à elle-même, il arrive parfois de ces mouvements brusques, perturbateurs, après lesquels la maladie est jugée en bien ou en mal. Il y a donc des symptômes critiques; mais ces symptômes n'ont pas l'importance thérapeutique qui leur était accordée.

D'abord, ils ne sont pas constants; souvent ils font défaut, ce dont Galien lui-même est forcé de convenir : « Sæpius vero « neque ulla crisis sit status tempore; sed paulatim solvitur « morbus, longo tempore coctionem recipiens. » Au besoin l'invention des crises insensibles, du lysis, serait là pour prouver que la terminaison brusque des maladies par la guérison ou par la mort, après d'abondantes évacuations, est plutôt une exception qu'une loi générale. Cette exception est même d'autant plus fréquente, que les maladies sont moins complétement abandonnées à elles-mêmes, que la thérapeutique est plus active et plus directe.

J'ai dit plus haut pourquoi ces évacuations critiques ne pouvaient enlever la cause du mal; j'ajouterai qu'elles n'étaient pas toujours heureuses, mais souvent dangereuses, et qu'ainsi nous ne sommes nullement admis à les attendre ou à les imiter.

Il n'y a donc à retenir dans toute cette théorie que l'existence des symptômes critiques, symptômes dont j'aurai plus tard à établir la valeur; mais l'explication qu'on avait donnée de ces phénomènes, les conclusions auxquelles on avait été conduit, doivent être abandonnées sans retour.

Que faut-il penser de la coction?

§ II. *De la coction.*

La coction était dans la doctrine d'Hippocrate le travail préparatoire de la crise, travail tellement important que l'évacuation critique n'était pas de bon effet lorsque les humeurs ne l'avaient pas entièrement subi. Cette expression métaphorique rappelait l'influence que la chaleur innée et, plus encore, la chaleur fébrile avaient sur les liquides du corps humain, influence à laquelle les anciens accordaient un grand pouvoir.

« Avoir subi la coction, c'est, pour les humeurs, avoir été mélangées, tempérées les unes par les autres et cuites ensemble (1). » Définition fautive et obscure qui laisse le fait absolument indéterminé. « La coction, ajoute M. Littré, est le « changement que les humeurs subissent dans le cours d'une « maladie, et qui, leur ôtant, en général, leur ténuité, leur « liquidité et leur âcreté, leur donne plus de consistance, une « coloration plus foncée, et quelques caractères qui ont été « métaphoriquement assimilés au changement produit par la « cuisson dans les substances (2). » « Voici en fait ce qu'est la « coction : au début d'un coryza, l'humeur qui s'écoule par le « nez est ténue, liquide et âcre; à mesure que le mal appro-« che de sa guérison, cette humeur devient jaune, visqueuse, « et elle cesse d'irriter les parties avec lesquelles elle est en « contact (3). »

Or ces transformations étaient regardées comme importantes, indispensables même. « Hippocrate, dit Daniel Leclerc, « comptait particulièrement (pour guérir les maladies) sur ce « qu'il appelle la coction des humeurs.... C'est par cette coc-« tion qu'elle (la nature) se rend la maîtresse, et qu'elle ache-

(1) Hippocrate, *Traité de l'ancienne médecine*, t. I, p. 617. Trad. de M. Littré.
(2) Littré, *Introduction aux œuvres d'Hippocrate*, t. I. p. 447.
(3) *Id.*

« mine les choses à une bonne crise. Les humeurs ayant été
« amenées à ce degré, ce qu'il y a de superflu et de nuisible se
« vide promptement de lui-même, ou du moins il est aisé de le
« faire sortir.... Le superflu étant évacué, ce qui se fait par
« une perte de sang, par un flux de ventre ou par un vomis-
« sement, par des sueurs, par une décharge d'urine, par des
« tumeurs ou des abcès ; par des gales, des boutons, des pus-
« tules, des taches, etc., la nature réduit aisément le reste
« en l'état où il était avant la maladie (1). »

La coction se présente ainsi comme le travail préparateur de
la crise ; travail dont la nécessité se trouve tout entière dans
l'hypothèse d'une humeur morbifique, cause de la maladie ;
humeur légère, ténue, âcre, flottant dans l'organisme tant
qu'elle se trouve à l'état de crudité ; humeur plus épaisse, plus
facile à réunir sur un même point et plus facile à expulser
lorsqu'elle a été épaissie par la coction.

L'existence de cette humeur morbigène étant révoquée en
doute, la coction perd une grande partie de sa valeur ; ce n'est
plus qu'un mot représentant d'une manière inexacte les différents caractères que présentent les sécrétions des membranes
muqueuses atteintes par l'inflammation. M. Littré a compris
cette objection, et il a voulu donner à l'hypothèse hippocratique une apparence plus conforme aux idées admises aujour-
d'hui, en assimilant la coction et la résolution. « Prenez, par
« exemple, nous dit-il, la pneumonie ; le médecin ancien,
« voyant les crachats, d'écumeux et sanguinolents, devenir
« épais et jaunâtres, annonce la coction qui accompagne la
« guérison ; le médecin moderne, en auscultant le poumon
« malade, reconnaît le progrès de l'amélioration et entend le
« râle crépitant succéder au souffle bronchique, et la res-
« piration naturelle au râle crépitant ; c'est la résolution
« qui s'opère. La coction est donc ici le signe extérieur du
« travail intérieur qui se passe dans le poumon. Le médecin
« ancien suivait le signe extérieur ; le médecin moderne suit le
« signe intérieur. La coction de l'expectoration et la résolution

(1) Daniel Leclerc, *Hist. de la médecine*, p. 152.

« de l'hépatisation sont deux réponses séparées par plus de
« vingt-deux siècles à cette question ; à quels signes recon-
« naît-on le travail de guérison de la pneumonie (1)? »

Le médecin moderne ajouterait encore que la coction est
l'effet de ce travail de résolution ; que les crachats se sont mo-
difiés parce que le poumon revient peu à peu à l'état normal ;
mais il ne dirait pas avec les anciens que l'amélioration tient à
ce que les humeurs sont cuites, et à ce que l'expectoration
ou les sueurs critiques ont entraîné la cause du mal.

Le médecin moderne et le médecin ancien, partant d'un
même fait, à savoir : les changements qui surviennent dans les
caractères des crachats, en donneraient l'un et l'autre une
explication différente et arriveraient ainsi à des conclusions
opposées. Pour le premier, ces transformations seraient la
cause des souffrances éprouvées par le malade ; pour le second,
elles seraient seulement le résultat des changements qui
s'opèrent dans l'état pathologique.

Remarquons, du reste, que les modifications éprouvées par
les liquides vivants dans le cours des maladies ne se prêtent
pas toutes également à la théorie de la coction. Une humeur
cuite était en effet pour les anciens une humeur plus épaisse
qu'elle ne l'est à l'état normal et aussi différente que possible
de cette dernière. Or, dans une épistaxis critique, le sang n'est
pas plus épais que celui qu'on peut retirer de la veine ; et, dans
le rhumatisme articulaire aigu, le sang se trouve d'autant plus
épais, que la maladie est plus complète ; il le devient moins à
mesure que la maladie décroît, et la couenne inflammatoire
disparaît lorsque la guérison est définitive. Je le demanderai
enfin, où se fera la coction qui précédera une diaphorèse critique dans le cours d'une pneumonie ? Où se fera la coction qui
doit être suivie d'une épistaxis critique d'une fièvre inflammatoire ?

Que d'hypothèses réunies pour justifier une opinion sans
fondement ! Est-il possible de soutenir que toutes soient le
fruit d'une observation sévère, et que l'école de Cos se soit

____

(1) Littré, *loc. cit.*, p. 449.

toujours garantie des erreurs, des théories ? Non, sans aucun doute. Et cependant il faut reconnaître que, si l'explication était erronée, les faits n'avaient ni moins d'importance ni moins de valeur ; car ils avaient conduit Hippocrate à tracer la marche des maladies.

« Hippocrate, dit Kurtz Sprengel, a le premier fixé les trois
« périodes générales des maladies : la crudité, la coction et la
« crise, parce qu'il croyait que le principe morbifique doit,
« avant d'être expulsé du corps, subir une élaboration de la
« part de la nature ou de la chaleur intégrante (1). » Si l'on veut entendre par ce mot l'ensemble des symptômes qui caractériseront une période des maladies, la coction aura un sens plus exact et plus pratique ; mais, si l'on veut exprimer par là les modifications que doit traverser le principe morbifique avant d'être expulsé, on tombe dans l'hypothèse et l'erreur ; car ce principe morbifique n'étant pas matériel ne peut être épaissi avant son élimination.

Il ne restera pour nous, de la coction, qu'une seule chose : les symptômes par lesquels ce travail était caractérisé, symptômes qui pourront nous aider à reconnaître la période à laquelle la maladie est parvenue, et à fixer le choix du médicament. Vouloir dépasser cette limite, pénétrer le travail intérieur auquel ces caractères correspondent, c'est s'exposer à une foule d'illusions ; car il n'est pas plus satisfaisant de comparer la coction aux effets que la chaleur produit sur les liquides organisés, que de la rapporter à l'action des sels comme le voulait Paracelse, à celle des ferments, comme Baglivi avait essayé de le faire, ou au mouvement des humeurs, comme Fracastor l'avait proposé.

« N'apercevant pas ce qui se passe dans l'économie chez
« l'homme bien portant, dirai-je avec Hahnemann, nous ne
« pouvons pas voir davantage ce qui s'y opère quand la vie est
« troublée. Les opérations qui ont lieu dans les maladies ne
« s'annoncent que par les changements perceptibles, par les
« symptômes au moyen desquels seuls notre organisme peut

(1) *Histoire de la médecine*, t. I, p. 314.

« exprimer les troubles survenus dans notre intérieur, de sorte
« que dans chaque cas donné, nous n'apprenons même pas
« quels sont, parmi les symptômes, ceux qui sont dus à l'ac-
« tion primitive de la maladie et ceux qui ont pour origine les
« réactions au moyen desquelles la force vitale cherche à se
« tirer du danger. Les uns et les autres se confondent ensemble
« sous nos yeux, et ne nous offrent qu'une image réfléchie au
« dehors de tout l'ensemble du mal intérieur, puisque les
« efforts infructueux par lesquels la vie abandonnée à elle-
« même cherche à faire cesser la maladie sont aussi des souf-
« frances de l'organisme tout entier. Voilà pourquoi les éva-
« cuations que la nature excite ordinairement à la fin des
« maladies dont l'invasion a été brusque, et que l'on appelle
« crises, font souvent plus de mal que de bien (1). »

§ III. *Des jours critiques*.

Frappés de la régularité avec laquelle s'accomplissent certains actes physiologiques, et par la régularité non moins
grande que certaines maladies aiguës affectent dans leur marche, entraînés par les conséquences des doctrines de Pytha-
gore, Hippocrate et un grand nombre de ses successeurs cru-
rent que la coction s'opérait dans un temps limité, et que la
crise devait arriver à jour fixe. Ce jour avait reçu le nom de
jour critique, *dies criticus*.

Dans les maladies aiguës, le septième, le quatorzième et le
vingtième jour étaient regardés comme les plus favorables, la
crise étant généralement franche et heureuse lorsqu'elle arrivait à l'une de ces époques. Archigène remplaçait le vingtième
jour par le vingt et unième, et les arabistes les acceptaient tous
les deux. Ces trois jours étaient critiques par excellence ; on les
appelait *principaux* ou *radicaux*.

Après eux venaient le neuvième, le onzième et le dix-
septième. Le premier, le troisième, le quatrième et le cinquième

---

(1) Hahnemann, *Coup d'œil sur la médecine allopathique, in Organon*, p. 30,
note.

étaient placés en troisième ordre, les changements qu'ils amenaient étant rarement favorables. Enfin, le sixième jour était le plus mauvais de tous; Galien l'appelait le tyran. Au delà du vingtième jour, on comptait par septenaires, jusqu'au quarantième, époque à laquelle la maladie passait pour être devenue chronique.

Mais, si tous ces jours n'étaient pas également *critiques*, ils pouvaient jouer un autre rôle, celui *d'indicateurs;* c'est-à-dire que les phénomènes qui apparaissaient pendant leur durée permettaient de prévoir ce que serait la crise et quand elle viendrait. « Le quatrième jour, dit Hippocrate, est indicateur « du septième; le huitième est le commencement d'une seconde semaine; il faut considérer le onzième, car c'est le « quatrième de la seconde semaine; derechef, il faut considé- « rer le dix-septième, car c'est, d'une part, le quatrième à par- « tir du quatorzième, d'autre part le septième à partir du « onzième (1). »

Il y avait encore des jours intercalaires qui remplaçaient parfois les jours critiques, mais d'une manière incomplète. Venaient en dernier lieu les jours *vides*, qui étaient le sixième, le huitième, le dixième, pendant lesquels la crise n'arrivait presque jamais. Ces derniers s'appelaient aussi *médicinaux*, parce que c'étaient les seuls où il fût permis de donner des médicaments.

Cette distinction des différents jours d'une maladie est maintenant abandonnée; les médecins n'attendent plus les jours critiques, ils combattent le mal à tous les moments de son existence. L'observation est venue cependant leur prêter un certain appui. Chacun connaît les tables dressées par de Haën (1), tables qui prouvent que les crises arrivent généralement aux jours indiqués par les Asclépiades. Nous ne devons pas oublier toutefois que ceux-ci sont nombreux, et que leur multiplicité enlève beaucoup de leur importance.

(1) V. Hippocrate, aph. 24, sect. 2, traduct. de M. Littré, et Galien, *de Diebus criticis.*

(1) De Haën, *in Boerhaav. inst. path.*, t. II, p. 297.

Il faut ajouter que bien des raisons s'élèvent contre leur admission. D'abord, la régularité de nos fonctions à l'état physiologique, régularité que l'on voulait retrouver dans la marche des maladies, est plus apparente que réelle. La succession des âges serait peut-être le fait le plus saillant qu'il fût possible d'invoquer; mais, s'il paraît prêter son appui aux doctrines hippocratiques, les variations qu'on observe d'individu à individu sous ce rapport et sous celui de l'accomplissement de toutes nos fonctions, de la digestion, de l'assimilation, de la circulation, des actes cérébraux et locomoteurs, etc., prouvent que la régularité physiologique est plus apparente que réelle. Il ne serait pas exact non plus de vouloir conclure de ce qui se passe dans l'état de santé à ce qui adviendra dans le cours d'une maladie.

Les explications étranges que les médecins donnèrent de cette régularité pathologique prouvent que leur opinion ne pouvait être aisément justifiée. Hippocrate renvoyait tout à la marche de la coction; Galien invoquait l'action exercée par la lune sur les corps vivants; les arabistes y ajoutaient celle de tous les astres; les astrologues les imitèrent; mais Fracastor crut trouver la raison de ce fait dans les mouvements des humeurs, surtout de la mélancolie. Cullen, partisan des jours critiques dans le développement des fièvres, comparait le type de ces dernières à l'ordre régulier des actes physiologiques, et il trouvait dans l'action des modificateurs externes la raison qui faisait varier le jour où la maladie se terminait.

Bien d'autres causes peuvent encore le faire changer; et, parmi elles, la nature de la maladie, son intensité, la force du sujet, le traitement employé, sont les plus puissantes.

D'abord, la nature de la maladie. Il ne faut pas oublier qu'il y a des affections qui se terminent avant le septième jour, en vertu même de leur nature. Le choléra est de ce nombre. Que de fois ne lui voit-on pas causer la mort dans l'espace de quelques heures ! A peine se prolonge-t-il, dans les cas les plus favorables, pendant deux ou trois jours. Dira-t-on que la crise arrive alors à une époque exceptionnelle ? Non, car cette durée est la plus commune. On ne pourra soutenir davantage que

l'issue funeste de la maladie tient à ce que le mouvement critique a eu lieu avant le septième jour; car la mort arrive, dans
ce cas, sans crise préalable, et, lorsque le malade guérit, il le
fait avant la fin du premier septenaire. Par contre, la syphilis
se prolonge bien au delà du vingtième et du quarantième jour,
et cela en raison de sa nature.

L'intensité de la maladie et la force du sujet sont des causes
qui influent tellement sur la marche des symptômes, qu'on ne
rencontre pas deux malades atteints d'une affection de même
espèce et qui guérissent à la fois. La rougeole, frappant sur
vingt enfants, se terminera à vingt époques différentes; et cependant les fièvres éruptives sont certainement les maladies
dont la marche est la plus régulière. En vain invoquerait-on,
à l'appui des jours critiques, l'exemple des fièvres intermit-
tantes. Dans ces affections, ce n'est pas la guérison qui arrive
à jour fixe, mais bien l'accès. Or certains malades guériront
après trois ou quatre accès, d'autres après dix ou quinze, il n'y
aura donc rien de régulier à prévoir quant à l'époque de terminaison de la maladie.

Le traitement employé influera beaucoup aussi sur le moment où la maladie se terminera. N'oublions pas que les
Asclépiades avaient une thérapeutique très-expectante; et
que leur doctrine fut abandonnée à mesure que les médecins adoptent des moyens énergiques et efficaces. La maladie
se trouve alors modifiée dans sa marche; quelques-unes de ces
périodes manquent ou se précipitent; les phénomènes ne se
succèdent plus dans l'ordre où la nature avait coutume de les
produire. Ces modifications sont même la preuve la plus irré-
cusable de l'action thérapeutique. Il ne suffit pas, en effet,
pour établir la valeur d'un traitement, de dire que le malade
a guéri sous son influence, il faut dire comment il a guéri;
car, s'il n'y a aucune différence entre la marche et la durée
d'une maladie quand elle est abandonnée à elle-même ou
quand elle est soumise à une thérapeutique active, rien ne
prouve l'efficacité de cette dernière.

L'attente des jours critiques n'est pas non plus sans danger.
« Sur trente malades (dont les observations sont rapportées dans

« le premier et le troisième livre des épidémies), remarque
« Broussais, quatorze ont guéri et seize ont succombé. Ceux
« qui en sont échappés ont éprouvé les accidents les plus ter-
« ribles et n'ont dû leur salut qu'à des crises violentes. Ceux
« qui sont morts ont encore plus souffert... Que fait donc le
« médecin pendant ces scènes de douleur ? Il s'occupe à comp-
« ter les jours, à observer les urines et les selles pour y trouver
« quelques indices d'une crise prochaine ; il reporte successi-
« ment son espoir d'une quaternaire à l'autre pour soutenir
« au moins le courage du malade et celui des assistants; ou
« bien il se désespère et pense se décharger de toute responsa-
« bilité en portant de bonne heure un pronostic fâcheux (1). »

Rien n'autorise donc le médecin à rester fidèle observateur
des jours critiques; tout l'engage, au contraire, à suivre l'exemple de ceux qui, adoptant une thérapeutique active, agissaient
à tous moments de la durée d'une maladie; et l'homœopathie,
qui met en nos mains des agents si nombreux et si efficaces, se
prêterait, moins que toute autre doctrine, à l'admission des
idées des anciens. Ceci deviendra plus évident, je l'espère, par
les détails qui vont suivre.

(1) Broussais, *Examen des doctrines médicales*, p. 34 et suiv.

DEUXIÈME PARTIE.

RAPPORT DE LA THÉORIE DES CRISES ET DES JOURS CRITIQUES AVEC LES PRINCIPES ET LA THÉRAPEUTIQUE DE L'HOMŒOPATHIE.

Après les détails qui précèdent, il ne sera pas téméraire d'ajouter que la théorie des crises et des jours critiques, n'étant ni appuyée sur l'observation ni justifiée par le raisonnement, ne peut avoir de rapport bien étroits avec l'homœopathie; qu'il y a entre l'une et l'autre toute la distance qui sépare l'hippocratisme de la doctrine de Hahnemann, distance qu'il sera maintenant facile d'apprécier.

N'oublions pas, en effet, qu'Hippocrate et ses successeurs respectaient les crises, comme une conséquence de leur doctrine; l'expectation se trouvant justifiée par le rôle qu'ils faisaient jouer à la nature, et par la séparation qu'ils établissaient entre cette cause de la conservation, de la réparation et de la propagation des êtres vivants (1) et la maladie elle-même. Pour eux, les agents, capables de rendre l'homme malade, agissaient sur les humeurs, dérangeaient la crâse, produisaient ensuite les altérations des solides; mais la *nature* ne ressentait pas ces atteintes. Celle-ci conservait, au contraire, toute sa puissance, luttait pour expulser les liquides altérés, principes supposés de toutes nos souffrances, et la guérison était le prix de son triomphe, tandis que la mort paraissait le résultat naturel de sa défaite. C'est parce que la nature restait ainsi étrangère à l'influence de la cause morbide, qu'elle conservait une action assez régulière pour être « le premier médecin des maladies (2). »

Hahnemann comprend autrement et la genèse des états pathologiques auxquels l'homme se trouve exposé dans le cours de son existence, et le rôle de la vie dans le développement des

(1) Bérard, *Doctrine médicale de l'école de Montpellier*, p. 294.
(2) Bérard, *loc. cit.*, p. 295.

symptômes. Plus précis qu'Hippocrate, il ne confond pas sous la même dénomination la cause des fonctions des êtres vivants et celles des phénomènes de l'univers ; il rapporte les premières à une force spéciale distincte des forces physiques et chimiques, distincte aussi de l'âme raisonnable, et il enseigne que cette puissance, loin de rester étrangère à la maladie, est la première à ressentir l'influence des agents pathogéniques.

Sur ce point, ses enseignements sont précis. « L'organisme « matériel, supposé sans force vitale, écrit-il dans l'*Organon*, « ne peut ni sentir, ni agir, ni rien faire pour sa propre con- « servation ; il est mort, et dès lors soumis uniquement à la « puissance du monde physique extérieur, il tombe en putré- « faction, et se résout en éléments chimiques. C'est à l'être « immatériel seul qui l'anime dans l'*état de santé* et de *maladie*, « qu'il doit le sentiment et l'accomplissement de ses fonctions « vitales (1). *Dans l'état de santé*, cette force vitale, qui anime « dynamiquement la partie matérielle du corps, exerce un pou- « voir illimité. Elle entretient toutes les parties de l'organisme « dans une admirable harmonie vitale, sous le rapport du « sentiment et de l'activité, de manière que l'esprit doué de « raison qui réside en nous peut librement employer ces in- « struments vivants et sains pour atteindre au but élevé de « notre existence (2). » *Dans l'état de maladie*, « cette force « immatérielle est, au premier abord, la seule qui ressente « l'influence dynamique de l'agent hostile à la vie. Elle seule, « après avoir été désaccordée par cette perception, peut procu- « rer à l'organisme les sensations désagréables qu'il éprouve « et le pousser aux actions insolites que nous nommons ma- « ladies (5). »

De ces notions résultent plusieurs conséquences. La pre- mière, c'est que la force vitale, ainsi troublée dans l'accom- plissement de ses propriétés, doit perdre une partie de sa puis- sance conservatrice. Elle continue, il est vrai, à présider aux impressions que l'organisme éprouve ; mais ses résultats ne

(1) *Organon de l'art de guérir*, § 10 (avec la note).
(2) *Organon*, § 9.
(5) *Organon*, § 11.

sont plus les mêmes, les sensations qu'elle procure sont per-
verties de mille manières; elle continue à diriger les mouvements organiques, mais elle les produit sans ordre, sans régularité; elle préside toujours à l'organisation, mais ce n'est plus
pour donner à nos tissus les formes, la consistance, la texture
qui leur appartiennent. Désaccordée dans toute sa puissance,
elle montre le trouble qu'elle a éprouvé par les lésions de
sensation, d'activité et de texture qui caractérisent les maladies. Il n'y a donc plus à compter sur sa faculté conservatrice; car, si elle continue à lutter pour la défense du corps,
ses efforts étant mal dirigés ne peuvent être salutaires; il ne faut
donc pas les respecter, encore moins les prendre pour guides et
pour modèles dans le traitement qu'il convient de prescrire.

La seconde, c'est que la guérison ne peut être obtenue
tant que le désaccord de la force vitale persiste : « La cessa-
« tion de toute manifestation maladive, la disparition de tous
« les changements appréciables qui sont incompatibles avec
« l'état normal de la vie, dit Hahnemann, a pour condition
« essentielle et suppose nécessairement que *la force vitale soit*
« *rétablie dans son intégrité* (1). » Tant que cette condition ne
sera pas remplie, on changerait en vain la forme que la maladie a revêtue; on pourrait sans doute la voir se modifier,
mais on n'en triompherait pas d'une manière durable.

Ceci devient plus évident si l'on admet l'étiologie posée par
Hahnemann; car on conçoit alors que la force vitale ne peut à elle
seule atteindre souvent à un semblable résultat. Il arrive sans
doute que, la cause étant extérieure au sujet, son action ayant été
momentanée et légère, l'impression ressentie par la vie étant su-
perficielle, la guérison se produise par ses seuls efforts de réaction.
C'est ce que l'observation de chaque jour vient confirmer, lorsqu'à la suite d'un refroidissement passager, une bronchite légère ou un coryza disparaissent, la première à la suite d'une
sueur qu'on pourrait appeler critique, le second après avoir
présenté, dans les sécrétions des muqueuses, les signes d'une
coction évidente.

(1) *Organon*, § 12.

Mais que, ces causes restant les mêmes, leur action ait été plus profonde, et les phénomènes ne seront plus aussi simples. Qu'au lieu d'une bronchite et d'un coryza, il s'agisse d'une pneumonie, d'une arachnitis ou d'un rhumatisme articulaire aigu, et il ne sera plus possible de compter sur le bon effet des efforts déployés par la force vitale, quelque puissants, quelque perturbateurs qu'ils soient. Que de sueurs provoquées sont sans effet, que d'épistaxis inutiles, que de dangers dans les perturbations que l'on voit survenir alors !

S'agit-il d'une de ces affections dépendant d'un miasme aigu, c'est-à-dire d'une cause morbide pénétrant dans l'organisme, agissant sans cesse, tant qu'elle n'a pas été anéantie ? La guérison par les seuls efforts de la nature sera plus rare et plus incomplète encore. C'est alors surtout qu'on verra le mal se modifier sans disparaître, et laisser, après la cessation de l'état aigu, des traces longues à s'effacer. C'est l'histoire de ces rougeoles qu'on n'a pas combattues par des moyens directs, et après lesquelles s'observent des toux qui se prolongent bien au delà du terme de l'éruption ; l'histoire de bon nombre de scarlatines et de leurs suites insidieuses, celle aussi de la fièvre typhoïde et des diarrhées si tenaces qui persistent après sa disparition. Tous ces symptômes ne sont-ils pas un témoignage éclatant de ce fait : que la guérison n'est pas complète, que la force vitale n'est pas rétablie dans son intégrité ? Or tous ces faits sont du nombre de ceux que nous révèle l'expérience de chaque jour ; il faut donc en tenir compte, et ne pas nous fier facilement à la puissance curative de la nature, qui peut être appelée le *premier médecin des maladies*, mais qui ne saurait, à elle seule, suffire à leur guérison.

Pour obtenir cette dernière, il faut détruire ou épuiser la cause morbide. La détruire peut se faire d'une manière rapide et durable à l'aide de médicaments spécifiques ; l'épuiser sera plus incertain, plus long, plus dangereux pour le malade. Ce sera quelquefois pourtant le résultat de ces traitements indirects adoptés par la médecine des indications, ou celui des perturbations, des crises que la médecine expectante attend, que d'autres essayent de provoquer.

Une seconde condition est encore nécessaire pour atteindre
à ce but; il faut que cette cause ne soit pas de nature à se re-
nouveler sans cesse, il faut qu'on ait à lutter contre un miasme
aigu, et non contre un de ces virus qui sont l'origine des maladies chroniques. Pour ces dernières affections, la crise devient
absolument sans valeur, parce qu'elle ne peut ni entraîner
ni épuiser la cause du mal, qu'elle est impuissante à faire
cesser le désaccord que celle-ci imprime à la force vitale, et,
par conséquent, qu'elle ne peut permettre le retour à la santé.

Pour qu'il en fût autrement, il serait nécessaire, ainsi que
le remarque Hahnemann, que *ce principe morbifique fût*
matériel, qu'il se fût glissé en *substance dans le corps* et que
toute cure radicale fût dès lors impossible sans son *expulsion*
matérielle (1). Mais, s'il est vrai, comme l'affirme le fondateur
de l'homœopathie, que ce virus ne soit pas une matière peccante, on comprendra « combien les méthodes de traitement
« qui ont pour base l'expulsion de ce principe imaginaire doi-
« vent paraître mauvaises à l'homme sensé, » pourquoi « il n'en
« peut rien résulter de bon dans les principales maladies de
« l'homme, les maladies chroniques, » dans lesquelles, « au
« contraire, elles nuisent toujours énormément (2). »

Si, de plus, ces virus se régénèrent sans cesse et ne s'épui-
sent jamais d'eux-mêmes, comme il arrive, du consentement de
tous les médecins pour le virus syphilitique, le désaccord de la
force vitale abandonnée à elle-même ne cessera jamais, parce
que la cause qui le produit est sans cesse renaissante. Or la
raison et l'expérience se réunissent pour confirmer sur ce point
la doctrine de Hahnemann et montrer la nécessité de recourir,
pour les affections chroniques surtout, à des médicaments capables de détruire la maladie dans sa cause et dans ses effets;
médicaments sans lesquels l'état pathologique se transforme
en revêtant des caractères toujours plus dangereux pour le
malade, sans lesquels aussi sa cause n'abandonne l'organisme qu'après une entière destruction.

(1) Hahnemann, *Coup d'œil sur la médecine allopathique*, p. 25.
(2) *Idem*, p. 27.

Serait-il donc téméraire de penser qu'Hippocrate, s'il eût observé les effets terribles de la syphilis, lorsqu'elle fit son invasion en Europe, ceux même qu'elle engendre en notre temps, n'aurait pas respecté les crises de cette maladie, cherché sa coction, attendu son jour critique ; qu'il l'eût fait moins encore, s'il eût vécu à l'époque où le mercure fut appliqué au traitement de cette affection, et s'il avait été témoin des résultats qu'il obtient. Quoi qu'il en soit, force est de reconnaître, avec le fondateur de l'homœopathie, que, dans le traitement du plus grand nombre des souffrances humaines, il ne faut pas se fier aux efforts bienfaisants et conservateurs de la force vitale, parce que celle-ci est la première à ressentir l'*influence nuisible de l'agent hostile de la vie ;* que pour arriver à une guérison, « pour anéantir la totalité des symptômes d'une mala-
« die, il faut chercher un médicament qui ait de la tendance à
« produire des symptômes semblables ou contraires, suivant
« qu'on a appris par l'expérience que la manière la plus facile,
« la plus certaine et la plus durable d'enlever les symptômes
« de la maladie et de rétablir la santé, est d'opposer à ces
« derniers des symptômes médicinaux semblables ou con-
« traires (1). »

Effet de l'action de la force vitale désaccordée, la crise se présente comme une partie de la maladie, comme un symptôme. A ce titre elle réclame l'attention du médecin qui doit chercher sa valeur pronostique et sa signification thérapeutique. Dans cette étude, deux circonstances peuvent se présenter : ou bien la crise arrive au déclin d'une maladie sans gravité, se caractérise par ce léger sédiment des urines, ces sueurs bienfaisantes, ces quelques gouttes de sang qui se vident par les narines, par l'une des deux de préférence, et dont parle Bordeu. Le médecin peut, dans ce cas, annoncer une terminaison prochaine du mal, affirmer que la force vitale sera rentrée bientôt dans sa voie accoutumée, et lui laisser le soin de parfaire la guérison.

Ou bien la crise se montrera au moment de l'apogée d'une

____

(1) *Organon,* § 22.

maladie à marche rapide, à symptômes violents, perturbateurs et dangereux, comme il arrive le plus souvent. Des
signes terribles l'annonceront, des formes morbides dangereuses viendront la caractériser. Dans ce cas, le rôle du praticien ne sera plus aussi simple; il lui faudra agir; car, avec la
crise, le danger s'accroît pour le malade, qui semble s'éloigner
de plus en plus du but qu'il poursuit, de la guérison, sans être
voué cependant à une mort inévitable.

Il ne s'agit plus, en ce moment, des symptômes légers que je
rappelais tout à l'heure, mais bien des douleurs terribles dont
Galien nous trace un si effrayant tableau. Le malade est en
proie à des vertiges, à des hallucinations dangereuses, ses
pleurs coulent malgré lui, son visage et ses yeux sont rouges;
la tête lui cause d'intorérables douleurs, une insomnie conti-
nuelle ou une somnolence profonde le poursuivent sans cesse,
l'anxiété précordiale, les nausées, la chaleur, la soif, le délire
viennent encore s'ajouter à ses souffrances. Est-il possible de
voir dans chacun de ces phénomènes autre chose que des
signes de la maladie, que des symptômes? Est-il possible de
méconnaître le danger qu'ils annoncent, et de se borner à
compter les jours et les heures, en restant spectateur inactif et
indifférent?

Mais bientôt la scène change, la crise apparaît. Seulement
on n'observe plus ces quelques gouttes de sang vidées par une
narine, mais bien une hémorragie abondante, comme il arrive
dans le cours des fièvres typhoïdes; ce n'est plus un sédiment
léger que présentent les urines, c'est un dépôt noir dont
parle Hippocrate dans ses livres des épidémies. D'autres fois
enfin, ce n'est pas une crise par excrétion dont on est témoin,
c'est une de ces crises par transport de la maladie d'un point
sur un autre, c'est-à-dire un érésipèle, un abcès ou une plaque
gangréneuse.

Il serait difficile de soutenir qu'à l'apparition de ces nouvelles
formes morbides, le malade soit entré dans une voie de guérison; il serait plus téméraire encore de penser qu'il soit voué à
la mort. Ce qui est réel, positif, c'est que le patient endure de
nouvelles souffrances, court de nouveaux dangers. Il est ma-

lade autrement qu'il ne l'était avant l'apparition de ces symptômes, mais qu'a-t-il gagné en réalité? Quelquefois un soulagement passager, jamais une amélioration durable.

Cette proposition serait plus exacte encore si, à l'exemple de MM. Chomel (1) et Andral (2), on multipliait les crises sans nécessité et sans raison; si on voulait, avec MM. Monneret et Fleury (3), donner ce nom à l'hémoptysie, à la métrorrhagie, à l'hématurie, aux hémorrhoïdes, aux éruptions exanthématiques, aux parotides, aux bubons de la peste, etc. Plus on multiplierait ces phénomènes critiques, et plus nous serions en droit de les considérer comme des symptômes, et non comme des efforts curateurs.

Il ne faudrait pas non plus dissimuler les inconvénients de ces perturbations : « Toutes les prétendues crises pro-
« duites par la nature abandonnée à elle-même, dit Hahne-
« mann, ne procurent qu'un soulagement palliatif et de courte
« durée. Loin de contribuer à la véritable guérison, elles ag-
« gravent au contraire le mal intérieur primitif, par la consom-
« mation qu'elles font des forces et des humeurs.

« Le Père du genre humain, ajoute-t-il, ne voulait pas que
« nous agissions comme agit la nature... Il ne permet pas que
« nous nous servions (comme elle) des mouvements appelés crises
« pour guérir une foule de fièvres; il n'est point en notre pou-
« voir d'imiter les sueurs critiques, les urines critiques, les ab-
« cès critiques, les saignements de nez critiques; mais, en cher-
« chant bien, nous trouvons des moyens qui nous permettent
« de guérir les fièvres plus rapidement que ne le font ces crises,
« plus sûrement, plus facilement et avec moins de douleurs,
« avec moins de danger pour la vie, avec moins de souffrances
« consécutives (4). »

Désireux de fixer ensuite la valeur de ces perturbations pathologiques et des excrétions qui les accompagnent ou les sui-

---

(1) Chomel, *Pathologie générale*,
(2) Andral, *Leçons orales*, cours de 1842.
(3) *Compendium de médecine pratique*, t. II, p. 553.
(4) Hahnemann, *la Médecine de l'expérience*, in *Études de médecine homœopathique*, première série, p. 288 et suiv.

vent, notre maître le fait en ces termes : « Les matières dégé-
« nérées et les impuretés qui deviennent visibles dans les
« maladies, ne sont autre chose que des produits de la maladie,
« produits dont l'organisme sait se débarrasser, d'une manière
« parfois trop violente, sans le secours de la médecine éva-
« cuante, et qui renaissent aussi longtemps que dure la mala-
« die. Ces matières s'offrent au vrai médecin comme des symp-
« tômes de la maladie, dont il se sert ensuite pour chercher un
« agent médicinal homœopathique propre à guérir celle-ci (1). »

J'ai rapproché à dessein ces différentes citations des œuvres
de Hahnemann, parce qu'elles montrent clairement la manière
dont il comprenait les crises, le degré d'importance qu'il
leur accordait. Un fait ressort évident de leur lecture : c'est
qu'en rejetant la doctrine des crises et des jours critiques
comme opposée à la raison et à l'expérience, le fondateur de
l'homœopathie n'entendait nier en aucune manière les faits sur
lesquels cette théorie était appuyée. Il savait que, dans le cours
des maladies aiguës, se présentaient parfois les signes auxquels
les anciens accordaient une attention presque exclusive; mais
il soutenait que ces excrétions n'entraînaient pas la cause du
mal, qu'elles étaient le résultat d'un désaccord de la force vitale, et non un effort curateur tenté par cette dernière, et, pour
ce double motif, il voulait les traiter. Il savait que, parmi les
transformations des liquides sécrétés, il arrivait souvent que
ceux-ci venaient à s'épaissir, mais il ne voyait pas dans ce fait
un travail nécessaire, une coction bienfaisante; surtout il y re-
connaissait un effet des changements survenus dans la maladie, et non la cause de l'amélioration de cette dernière. Il sa
vait enfin qu'un grand nombre de maladies aiguës ont une
marche régulière; mais, se rappelant que l'âge et la force du
sujet, les complications possibles et le traitement employé faisaient varier à chaque moment le temps nécessaire à l'évolution du mal, il refusait de compter sur des terminaisons à jour
fixe, sur des modifications à échéance. Suivant, en cela, l'exemple d'Hoffmann, de Boerhaave, de Sydenham, il ne tenait au-

____

(1) Hahnemann, *Coup d'œil sur la médecine allopathique*, p. 29.

cun compte des jours critiques et combattait la maladie à tous
les moments de sa durée.

En fixant de cette manière l'utilité des crises, Hahnemann
reste fidèle observateur des résultats de l'expérience, il
échappe aux hypothèses adoptées par ses devanciers; il permet
enfin de reconnaître l'importance réelle des phénomènes critiques pour le diagnostic, le pronostic et le traitement des maladies.

Il faut convenir tout d'abord que cet ordre de symptômes ne
peut avoir une grande valeur pour établir le diagnostic pathologique, par cette seule raison qu'il ne fait pas partie essentielle du tableau de la maladie, que celle-ci peut naître, croître
et guérir sans qu'on ait eu à les constater. On voit le plus souvent les fièvres éruptives parcourir toutes leurs périodes sans
qu'il apparaisse ni sueurs, ni diarrhée, ni aucun autre symptôme perturbateur; et ce qui est vrai de cet ordre d'affections
l'est également de la pneumonie, du rhumatisme articulaire,
de la fièvre typhoïde, laquelle présente, parmi ses effets, des
épistaxis fréquentes, mais sans caractère critique.

Ces symptômes, au contraire, seront fort intéressants quand
il s'agira d'établir le diagnostic thérapeutique (1), c'est-à-dire
quand il faudra tracer un tableau de maladie assez complet
pour conduire au choix du médicament. Ici tous les caractères
sont importants; et ceux-là même qui s'observent plus rarement, qui sont plus individuels, sont aussi les plus caractéris-
tiques, les plus capables de fixer le choix du médecin qui hésite
entre deux substances dont les effets pathogénétiques offrent
une grande analogie. Ces symptômes ne devront pas toutefois
faire oublier les autres; car c'est seulement après avoir re-
cueilli l'ensemble des phénomènes pathologiques, *leur totalité*,
comme le dit Hahnemann, qu'il sera possible de trouver une
substance assez homœopathique pour guérir promptement, sûrement et sans développer de douleurs accessoires.

(1) Voir, sur la distinction à établir entre le diagnostic pathologique et le
diagnostic thérapeutique, les *Commentaires sur l'Organon*, par le docteur Léon
Simon père, p. 410 et suiv.

Je n'insisterai pas sur la valeur que pourront avoir ces crises en vue de la prognose; rien ne pouvant dépasser, sous ce rapport, ce qu'en ont dit les médecins depuis Hippocrate. C'était exclusivement de ce point de vue que les anciens avaient étudié les crises; l'important pour eux étant d'utiliser ces manifestations morbides pour prédire l'issue heureuse ou funeste du mal, bien plus que pour éviter ses transformations et ses dangers.

Aucun de nous ne songera certainement à rejeter ces renseignements, résultats d'une observation attentive; mais, par cela même que nous pourrons les confirmer par des signes d'un autre ordre, par la considération des symptômes généraux d'une part, et de l'autre, par les altérations anatomo-pathologiques, nous serons aussi plus étroitement obligés à déployer contre eux toutes nos ressources thérapeutiques, afin de hâter la terminaison de la maladie, quand elle devra être heureuse, afin aussi de conjurer les dangers que les phénomènes critiques pourraient faire prévoir. Soit donc que nous soyons appelés au moment où des signes précurseurs font présumer le développement d'un de ces phénomènes, soit que nous arrivions au moment même où la crise se développe, nous serons obligés de nous demander, avec Hahnemann, à quel moyen il conviendra de recourir. Faudra-t-il faire usage de médicaments capables de produire, sur l'homme sain, des symptômes contraires à ceux que nous observerons; serait-ce, au contraire, des médicaments analogues à la maladie par leurs effets pathogénétiques qu'il conviendra de choisir? Sous ce double rapport, notre hésitation ne sera pas de longue durée.

Il serait difficile, en effet, de satisfaire d'une manière générale à la première condition, les symptômes artificiellement produits par les agents médicinaux étant rarement en opposition complète avec ceux des maladies. Il est sans doute possible, jusqu'à un certain point, de penser qu'une substance capable de produire la constipation sur l'homme sain sera le contraire de la diarrhée, et devra mettre fin à une diarrhée critique; que celui dont l'effet est de produire la sécheresse de la peau, arrêtera la sueur par la même raison. Il y aurait toutefois une restriction à faire; c'est que la sécheresse de la peau tient à l'absence de la sueur, et que l'absence d'une chose n'en est pas le contraire; que la diarrhée elle-même n'offre pas, dans tous les caractères qui l'accompagnent, des signes opposés à ceux de la constipation.

Or cet antagonisme même est loin de se rencontrer pour tous les symptômes critiques. On chercherait en vain, et le contraire d'une hémorragie, et le contraire de la salivation, comme aussi le contraire de l'érésypèle, de la gangrène et des abcès. Nulle part il ne serait possible de trouver un ensemble de symptômes médicamenteux opposé à cet ensemble de symptômes pathologiques.

Ces faits montrent, il est vrai, que la contrariété se retrouve entre quelques symptômes d'une maladie et quelques effets d'un médicament, ce que personne ne sera tenté de nier; mais ils prouvent, en même temps, qu'il serait plus facile de l'affirmer que de la démontrer entre une maladie naturelle et une maladie médicinale.

Et, du reste, on sait parfaitement aujourd'hui que ces substances, dont l'effet premier est opposé au symptôme qu'il faut combattre, pallient le mal, mais ne le guérissent pas. L'emploi de l'opium contre l'insomnie, de ce même médicament pour calmer la diarrhée, celui des purgatifs pour vaincre la constipation, sont des exemples qui viennent appuyer, chaque jour, cette assertion (1).

Or ce que désire avant tout le médecin, c'est de *guérir* son malade, et cette ambition est d'autant plus légitime dans l'ordre d'affections qui nous occupent, que toutes doivent être ran-

______

(1) Il faut ajouter, pour être juste, que ce n'est pas là le sens sous lequel le principe *contraria contrariis curantur* a été formulé et compris. Galien entendait par cette loi que le médicament capable de guérir devait être contraire à la maladie par sa nature et non par ses effets pathogénétiques. Ses successeurs se sont toujours attachés à cette interprétation; aux maladies nerveuses ils ont opposé les antispasmodiques; aux maladies inflammatoires, les antiphlogistiques, et les excitants aux affections ab-inflammatoires, etc. Or Hahnemann a prouvé, en s'appuyant sur l'observation et l'expérience, que, du moment où ces agents étaient capables de guérir une maladie donnée, ils pouvaient bien lui être opposés par nature, mais qu'ils lui étaient semblables par les effets qu'ils ont puissance de produire dans l'état de santé.

gées parmi les maladies aiguës. Si nous devions raisonner par voie d'exclusion, nous serions donc conduits par les quelques réflexions qui précèdent, et par les raisons, bien plus sérieuses encore, que Hahnemann a fait valoir, à diriger le traitement des crises d'après la loi de similitude, c'est-à-dire à les combattre par des médicaments capables d'engendrer sur l'homme sain des symptômes semblables à ceux qui les caractérisent.

L'expérience a montré qu'une telle recherche serait couronnée de succès; car il est possible de dire, dès aujourd'hui, quelles sont les substances capables de faire naître, dans l'état de santé, des sueurs, des hémorragies, la salivation et la diarrhée; il est possible aussi d'indiquer celles qui ont le pouvoir de faciliter la suppuration, de produire des rougeurs de la peau semblables à l'érésipèle, et de faire naître des plaques gangréneuses.

Chercher, au milieu de ces divers médicaments, celui qui produit le symptôme critique que nous observons chez le malade, et qui le produit avec toutes ses particularités, n'est donc pas tenter une œuvre impossible. Il conviendra cependant, pour faire un choix heureux, de ne pas oublier que la crise est un groupe de symptômes qu'il ne faut jamais séparer de tous ceux qui l'accompagnent; que c'est la totalité des signes morbides qui donnera l'image exacte de la maladie, et qui fixéra le choix du médicament.

Il est facile de conclure maintenant qu'il n'y a pas de rapports à établir entre la théorie des crises et les principes de l'homœopathie : la première étant fondée sur l'existence hypothétique d'une matière peccante, cause de la maladie, sur la nécessité de la coction et de l'expulsion de cette matière, comme conditions essentielles de guérison, et aussi sur la distinction établie par Hippocrate entre la nature et la maladie ; la seconde proclamant que l'action des causes morbides est dynamique, que la force vitale est la première désaccordée par leur influence, que les vices de sécrétion se présentent seulement comme effets du développement pathologique, et non comme causes des modifications présentées par le malade.

La même opposition existe entre la théorie d'Hippocrate et la thérapeutique hahnemannienne. Il ne faudrait pas, en effet, comparer l'aggravation homœopathique aux efforts critiques suscités par la force vitale abandonnée à elle-même, non plus qu'assimiler les moments de repos, que nous accordons aux malades, à l'expectation des jours critiques.

L'aggravation homœopathique est toujours, en effet, le résultat de l'action primitive d'un médicament. Lorsque celui-ci est bien choisi, elle est contenue dans d'étroites limites ; elle porte sur les symptômes propres à la maladie, et, quand il vient s'y adjoindre quelque phénomène accessoire, celui-ci est toujours passager et incapable de rendre compte des changements survenus dans l'état du malade. Ces symptômes artificiels n'ont point assez d'intensité, n'entraînent pas, à leur suite, de perturbations assez violentes pour qu'il soit possible de les comparer aux crises.

Quant aux moments pendant lesquels nous laissons s'opérer la réaction médicamenteuse, on ne peut les comparer aux jours critiques, parce que nous ne les fixons jamais en raison du moment auquel la maladie est arrivée ; mais seulement en raison des effets produits par le médicament, en raison aussi de l'intensité de ces derniers. Du reste, dans ces moments mêmes, l'expectation n'est pas complète ; car le médecin ne laisse pas alors la maladie parcourir librement ses périodes, il permet seulement à l'agent thérapeutique de produire ses effets réactionnaires, les seuls qui soient curatifs.

CONCLUSIONS.

Dans le cours de ce travail, j'ai nié la théorie des crises, et, par conséquent, tout rapport possible entre elle et les principes de l'homœopathie.

Je n'ai pu m'arrêter aux analogies plus spécieuses que réelles, qu'en tout temps, on a voulu établir entre l'ordre physiologique et l'ordre pathologique, ne croyant pas qu'il soit possible de conclure rigoureusement d'un ordre à l'autre.

Pour ceux qui voudraient soutenir la légitimité d'une semblable assimilation, et en seraient encore, comme Broussais et son école, à la recherche d'une médecine dite physiologique, nous dirions qu'à l'exception de l'évolution des âges, la régularité sur laquelle ils s'appuient n'existe pas ; qu'il suffit, pour s'en convaincre, d'interroger fonction à fonction un certain nombre d'individus, pour voir que l'accomplissement des actes physiologiques n'est pas invariablement soumis à la règle fixe d'un temps limité.

Pour être autorisée à adopter la théorie des crises, l'école hippocratique a dû se condamner aux exigences de la médecine expectante, de toutes les thérapeutiques la plus désolante, la plus misérable et la moins autorisée aux yeux de la raison et de l'expérience.

La régularité prétendue des crises était si peu établie, qu'aux yeux mêmes de l'école hippocratique les jours critiques ne purent être fixés avec précision, et que les partisans de cette théorie furent obligés d'imaginer le *lysis* pour les cas fort nombreux où la guérison se produisait sans crise. Qu'est donc une théorie dépassée par les faits et dépourvue de toute espèce de loi ?

La théorie de la réaction, telle que les modernes la comprennent, ne peut être assimilée à la crise. Le mot de réaction aurait besoin d'être défini ; peut-être une analyse rigoureuse n'y verrait-elle que deux faits : 1° la cessation graduelle des symptômes morbides ; 2° le retour de l'énergie vitale déprimée par la maladie, quelle que soit cette dernière.

La coction n'est pas un phénomène nécessaire à la guérison. Symptôme d'un travail éliminatoire, toute thérapeutique dynamique doit chercher à l'éviter, car la coction n'est pas toujours sans danger pour le malade. Dans le cas où la chose est impossible, comme il arrive pour les maladies dites désorganisatrices, toute bonne thérapeutique cherche à en limiter la durée et l'étendue.

Enfin, il ne faut pas voir, dans les phénomènes pathogénétiques se manifestant plusieurs jours après l'administration des médicaments, quelque chose ressemblant, même de loin, aux symptômes critiques. Tout médicament expérimenté à l'état pur ne parcourant sa sphère d'action que successivement, les symptômes qu'il présente ne pourraient être comparés aux phénomènes critiques qu'autant que la théorie fondée sur ces derniers serait réelle. Tout prouve qu'elle est purement imaginaire.

L'homœopathie ne peut retenir de la théorie des anciens que l'existence des symptômes critiques, symptômes dont elle se sert pour fixer le choix du médicament, mais qu'elle ne peut ni respecter ni imiter.